Premium

NUDE POSEBOOK

典藏裸體姿勢集

模 特 兒｜山手梨愛

攝 影 ｜浜田一喜

譯｜何姵儀

U0141387

1

MODEL

山手梨愛

Yamate Ria

出生年月日：2000年2月23日　　出生地：福岡縣

身高：170cm　　三圍：B 99cm / W 58cm / H 88cm

C O N T E N T S

前 言

女性的胴體真是千嬌百媚、娉婷婀娜！長久以來一直被知名藝術家作為作品題材的女性肉體，根本就是激發無限想像的美麗與創造泉源。手上正拿著這本姿勢集的你，不也是被女性胴體的美所吸引的其中一個畫家嗎？

本書收錄了裸體模特兒盡其可能擺出的各種姿勢，並從不同的角度來拍攝，好讓讀者在尋找人物素描資料時能大大地派上用場。除了站、坐、躺等人物畫的基本姿勢，書中亦收錄了不少性感動作，讓女性獨有的柔和豐腴曲線一覽無遺。此外，本書還採用了大開本來進行照片排版，讓大家在將其當作素描資料利用時，可以更加容易觀察模特兒的姿勢變化。

不論是擅長裸體素描的中高階繪者，還是初次挑戰人物畫的新手，一定都能從本書中找到想要提筆試畫的動作。那麼，大家趕緊打開素描本，試著把喜歡的姿勢畫下來吧！

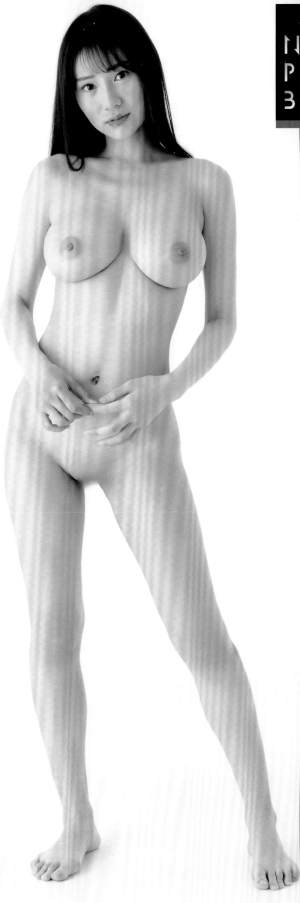

Chapter
01
Standing
Pose

人體素描的基本動作——站姿。
讓我們一邊留意身體軀幹方向及重心位置，
一邊試著加以描繪吧。

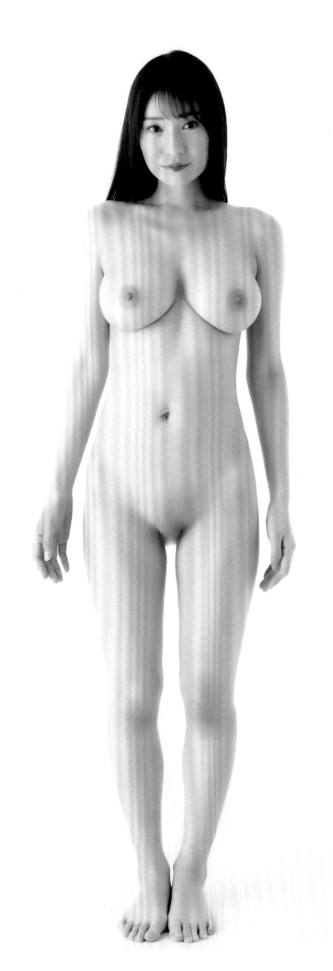

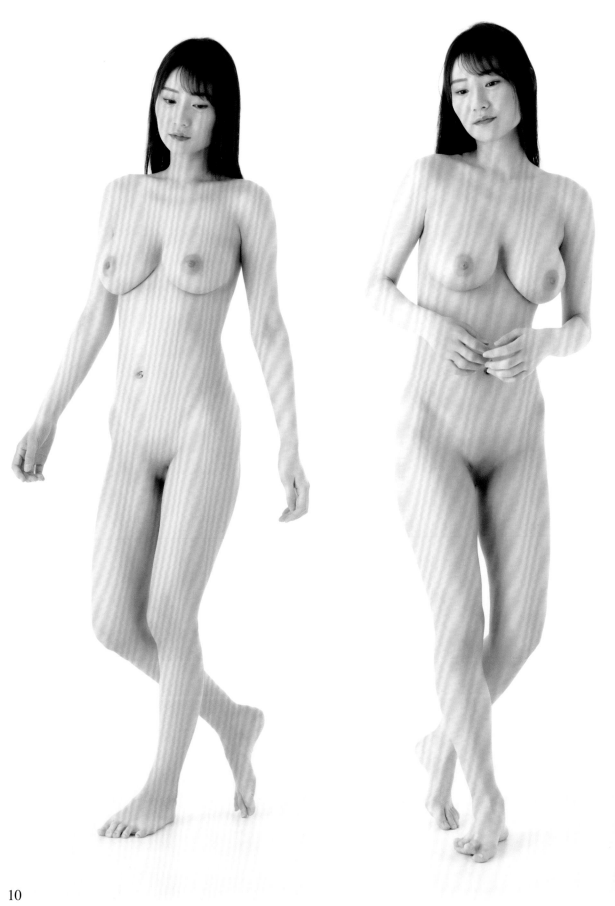

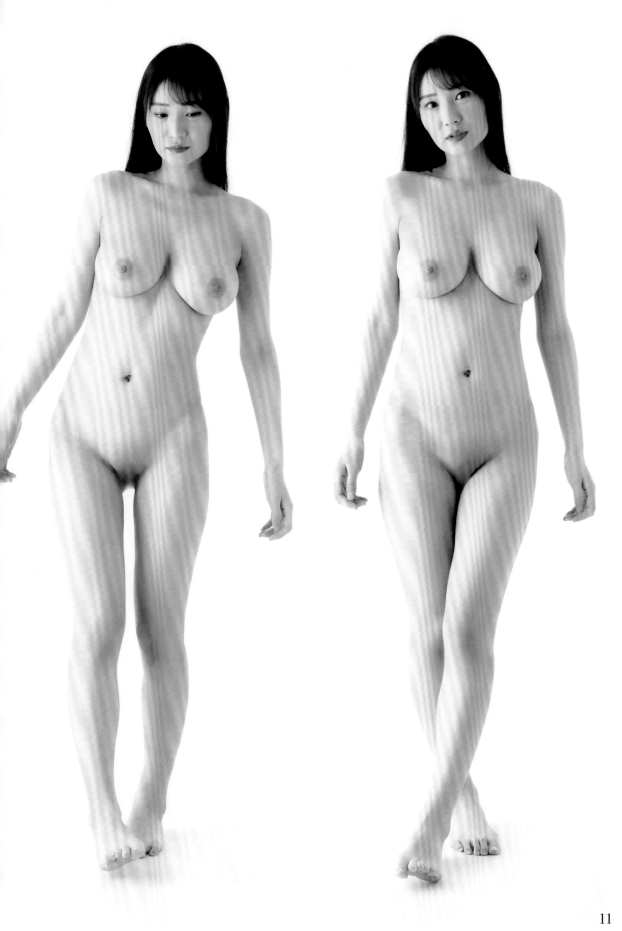

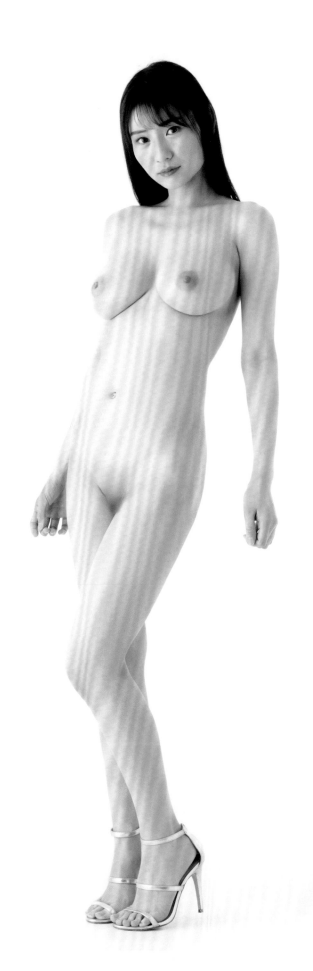

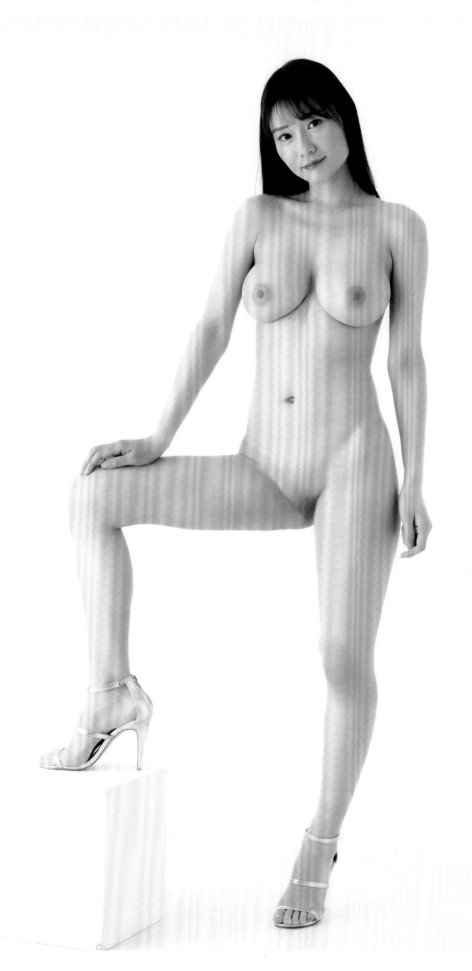

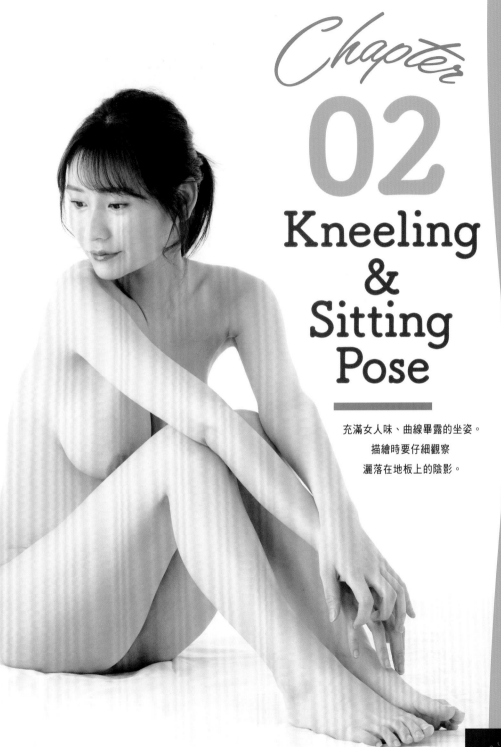

Chapter
02

Kneeling & Sitting Pose

充滿女人味、曲線畢露的坐姿。
描繪時要仔細觀察
灑落在地板上的陰影。

Premium

NUDE
POSE
BOOK

NUDE
POSE
BOOK

Chapter

03
Lying Pose

橫躺時重力平衡會產生變化，
臉型、乳房與臀部也會展現不同形狀。

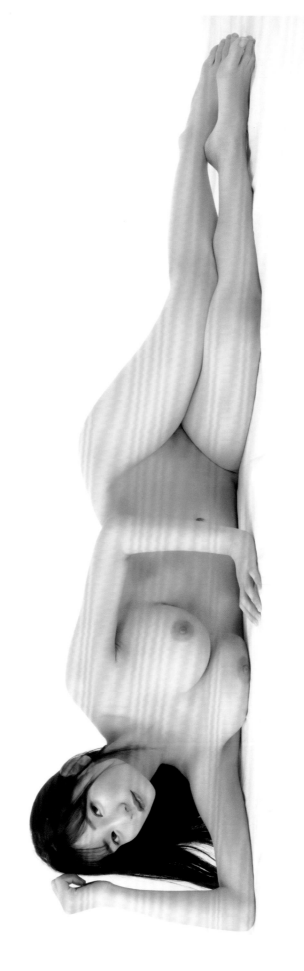

Chapter 04

with Chair& Sofa

委身於高度及造型
各具特色的椅子，
擺出千變萬化的撩人姿勢。

Premium
NUDE
POSE
BOOK

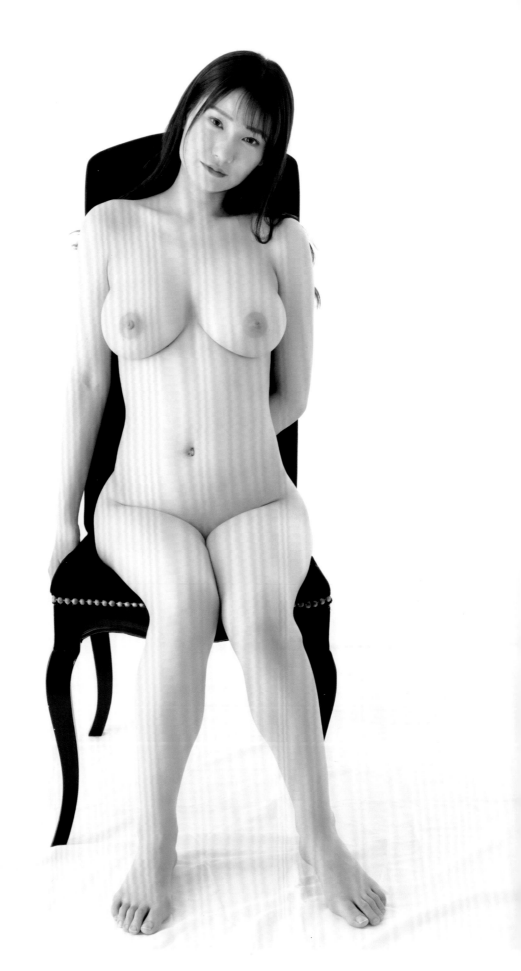

Chapter

05

Close-ups

嘴唇、眼睛、耳朵、後頸、乳房、以及私處 etc……女性各個部位的婀娜風姿，在極近距離之下表露無遺。

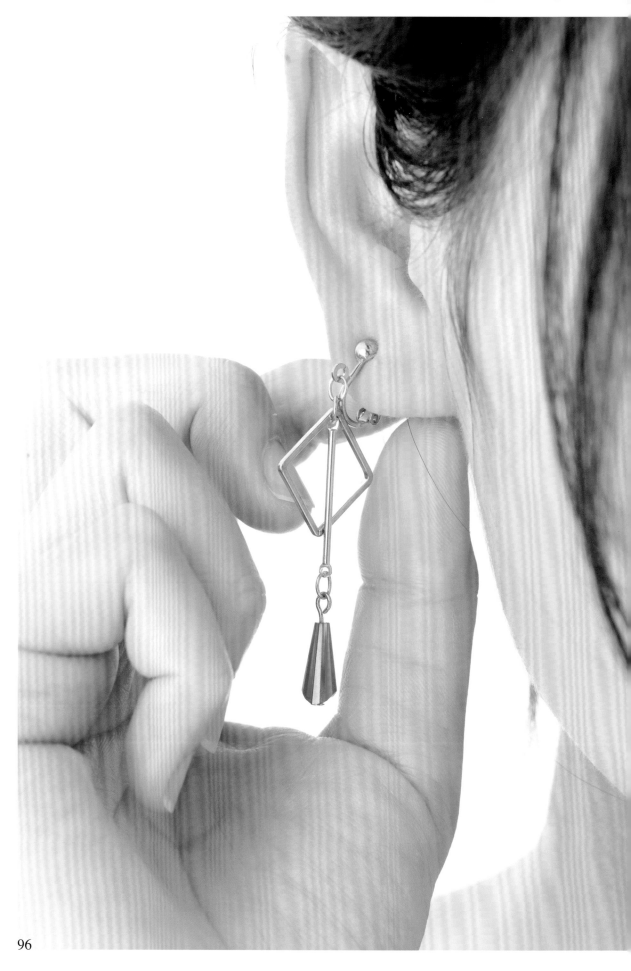

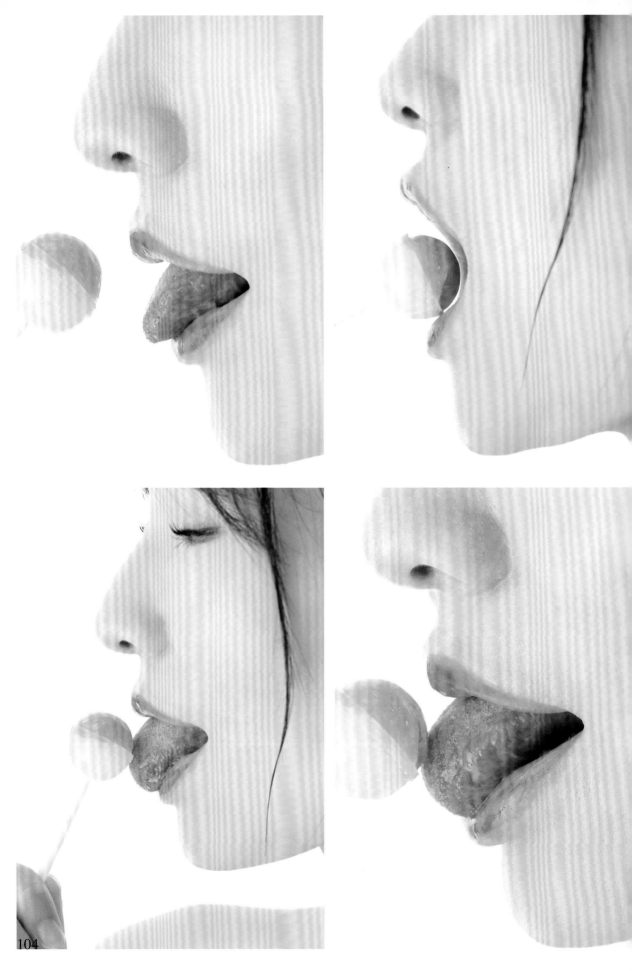

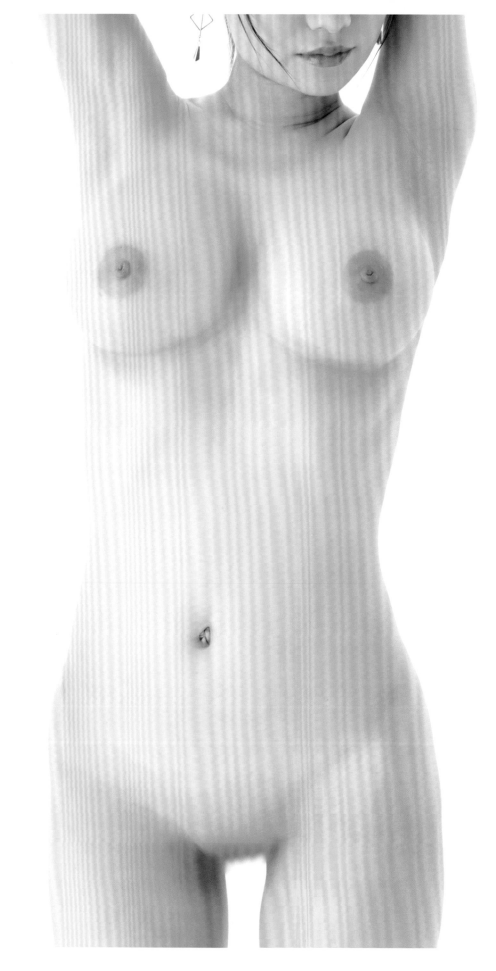

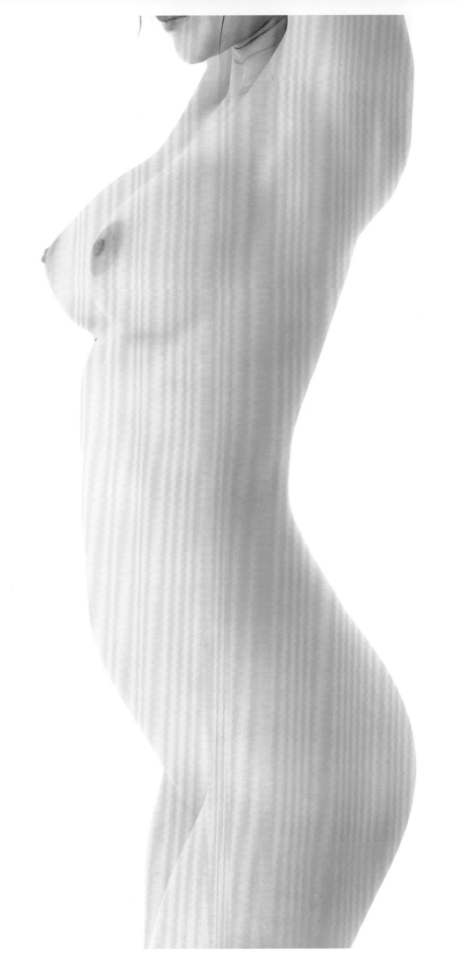

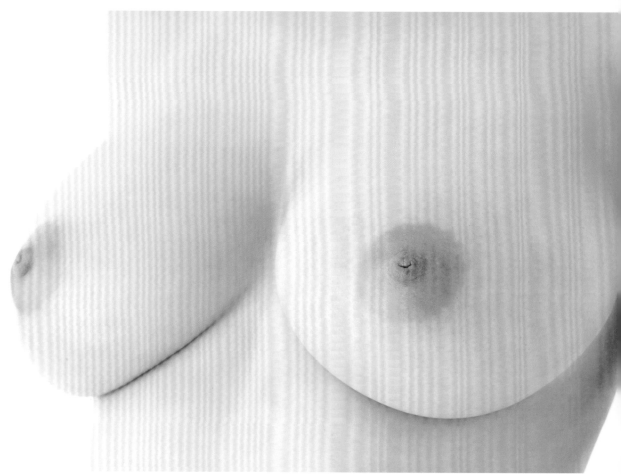

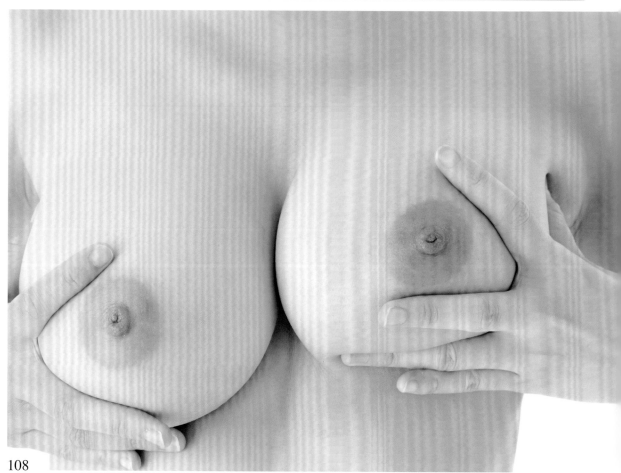

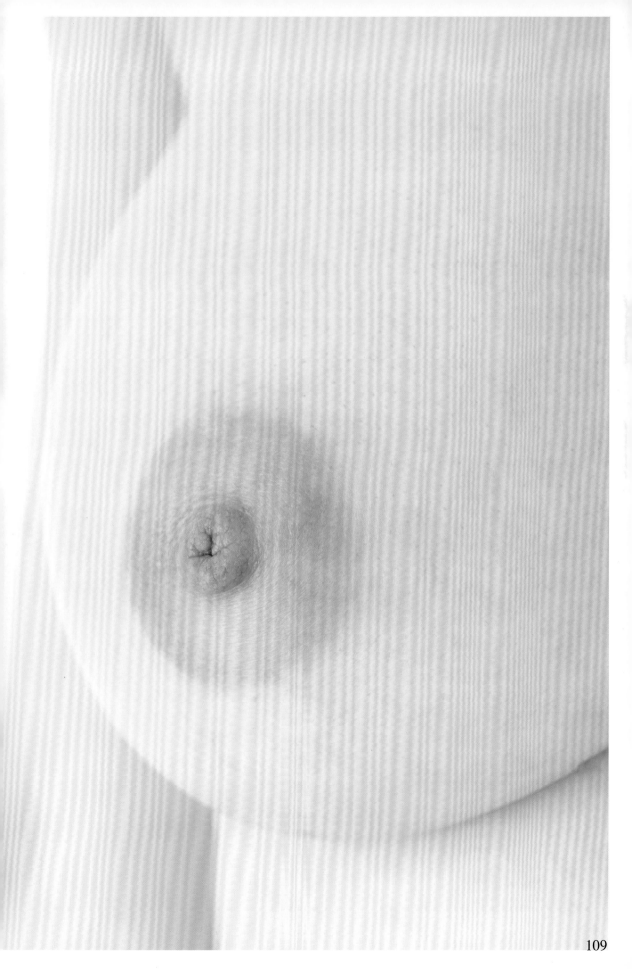

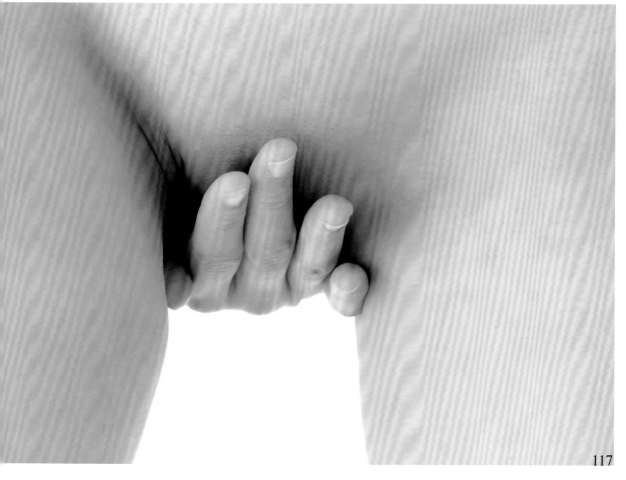

Chapter 06

Erotic Pose

網羅的性感姿勢令人屏息。
就讓伴隨親密愛人的情意
驅使畫筆
在紙上飛舞吧。

Premium
NUDE
POSE
BOOK

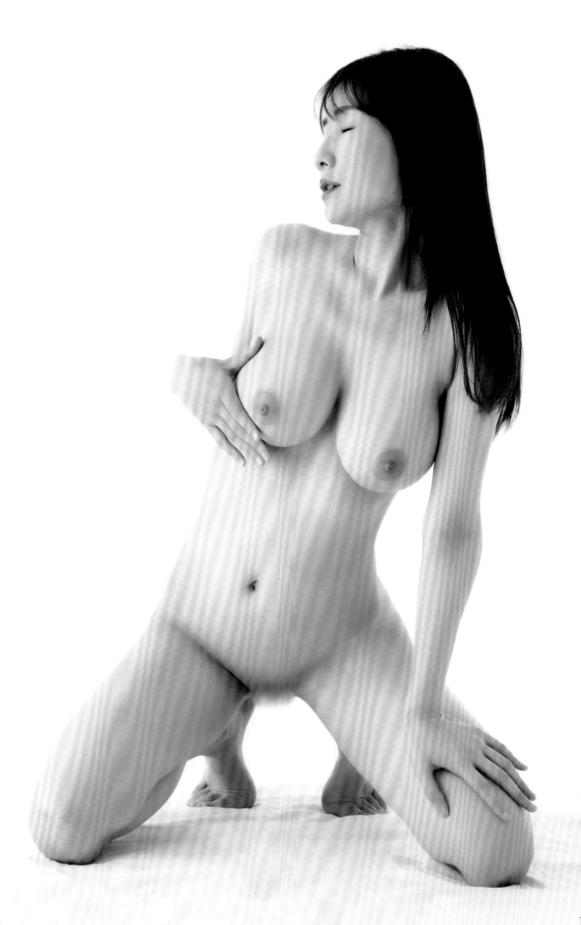

謝謝大家欣賞
我的第一本姿勢寫真集。
這次我試著擺出從未展現的姿勢，
大家可要細細觀賞，
今後也要繼續支持我喔！

Ria^^
山手梨愛

日文版STAFF

妝髮／造型：KAORI
封面／內文設計：合同会社MSK
照片修圖／加工：木村光利
模特兒經紀公司：S FLIRT

典藏裸體姿勢集 山手梨愛
2025年1月1日初版第一刷發行

攝　　影	浜田一喜
譯　者	何姵儀
編　輯	魏紫庭
美術編輯	許麗文
發 行 人	若森稔雄
發 行 所	台灣東販股份有限公司
	＜地址＞台北市南京東路4段130號2F-1
	＜電話＞(02)2577-8878
	＜傳真＞(02)2577-8896
	＜網址＞https://www.tohan.com.tw
郵撥帳號	1405049-4
法律顧問	蕭雄淋律師
總 經 銷	聯合發行股份有限公司
	＜電話＞(02)2917-8022

PREMIUM NUDE POSE BOOK RIA YAMATE
© KAZUKI HAMADA 2022
Originally published in Japan in 2022 by GOT Corporation,
TOKYO.
Traditional Chinese translation rights arranged with GOT
Corporation, TOKYO,
through TOHAN CORPORATION, TOKYO.

國家圖書館出版品預行編目(CIP)資料

典藏裸體姿勢集：山手梨愛／浜田一喜, 山手梨愛著；
何姵儀譯. -- 初版. -- 臺北市：臺灣東販股份有限公
司, 2025.01
144面；18.2×25.7公分
ISBN 978-626-379-734-5(平裝)

1.CST：人體畫 2.CST：裸體 3.CST：繪畫技法

947.23　　　　　　　　　　　113018650